Grafici di Funzioni
e
Trasformazioni Geometriche

Traslazioni, Simmetrie, Dilatazioni, Contrazioni
applicate ai Grafici delle Funzioni

Giuseppe Burgio

Copyright Giuseppe Burgio © 2022,

Tutti i diritti sono riservati

Sono contento che tu abbia deciso di acquistare questa raccolta di esercizi risolti e commentati per imparare come si applicano le trasformazioni geometriche ai grafici delle funzioni.
Se trovi utili questi esercizi svolti, ti chiedo gentilmente di scrivere una recensione su Amazon. Grazie!

Indice dei Contenuti

Introduzione	4
Esercizio 1 (livello intermedio)	5
Esercizio 2 (livello base)	9
Esercizio 3 (livello base)	14
Esercizio 4 (livello base)	17
Esercizio 5 (livello base)	21
Esercizio 6 (livello intermedio)	23
Esercizio 7 (livello intermedio)	27
Esercizio 8 (livello intermedio)	32
Esercizio 9 (livello avanzato)	36
Esercizio 10 (livello avanzato)	41
Esercizio 11 (livello intermedio)	47
Esercizio 12 (livello avanzato)	49
Esercizio 13 (livello avanzato)	55
Conclusione	60

Introduzione

In questo book, svolgo e commento diversi esercizi che ti aiuteranno a capire come si disegnano i grafici delle funzioni, più o meno complesse, sfruttando, ove possibile, le **trasformazioni geometriche**.

Faremo <u>applicazioni concrete</u> degli elementi teorici più importanti relativi alle **trasformazioni geometriche applicate ai grafici delle funzioni**.

In questa raccolta, i livelli di difficoltà degli esercizi saranno tre:

base;
intermedio;
avanzato.

Esercizio 1 (livello intermedio)

Vogliamo scrivere l'equazione della funzione che si ottiene traslando la funzione assegnata in questo esercizio secondo il vettore **t**(-2, 3). Dopo avere trovato l'espressione analitica della funzione traslata, disegnarne il grafico.

y = - x² + 2x + 1   traslazione **t**(-2, 3)

Svolgimento:

Il punto generico P(x,y) del grafico della nostra funzione si trasforma nel nuovo punto P'(x',y') secondo le seguenti relazioni:

x' = x + (-2)
y' = y + 3

Possiamo scrivere meglio il punto P:

P(x, y)

P(x, -x² + 2x + 1)

Questo perché l'equazione della funzione assegnata, y = -x² + 2x + 1, mette in relazione la **x** e la **y** del generico punto **P** del suo diagramma.

Dunque le coordinate del nuovo punto P' sono:

x' = x + (-2)
y' = -x² + 2x + 1 + 3

segue che

x' = x - 2
y' = -x² + 2x + 4

Ora, per trovare l'equazione della funzione traslata (quella trasformata), dobbiamo determinare la relazione tra l'ascissa, x', del punto generico P' del nuovo grafico e la sua ordinata, y'.

Come si fa?

Riprendiamo le due relazioni precedenti

x' = x - 2
y' = -x² + 2x + 4

ed esprimiamo **x** in funzione di **x'** :

x = x' + 2.

Adesso, mettiamo **x' + 2** al posto della **x** nella seconda relazione:

y' = - (x' + 2)^2 + 2(x' + 2) + 4

Sviluppando e semplificando, si ottiene

y' = - (x'^{2} + 4x' + 4) + 2x' + 4 + 4

y' = -x'^{2} - 4x' - 4 + 2x' + 8

y' = -x'^{2} - 2x' + 4

Come vedi, quest' ultima è proprio la relazione tra l' ascissa e l' ordinata del generico punto P' della curva traslata.

Possiamo addirittura togliere gli apici e scrivere più semplicemente l' equazione in questo modo:

y = -x^2 - 2x + 4   (espressione analitica della funzione traslata)

Perché abbiamo potuto togliere gli apici?

Beh, perchè **P'(x', y')** rappresenta, tutto sommato, il punto generico della nuova curva, quella dopo la trasformazione, e dunque **x'** e **y'** possono <u>tranquillamente</u> essere sostituite da **x** e **y**, che <u>solitamente</u> rappresentano le coordinate di un generico punto.

Vediamo in un disegno le due funzioni:

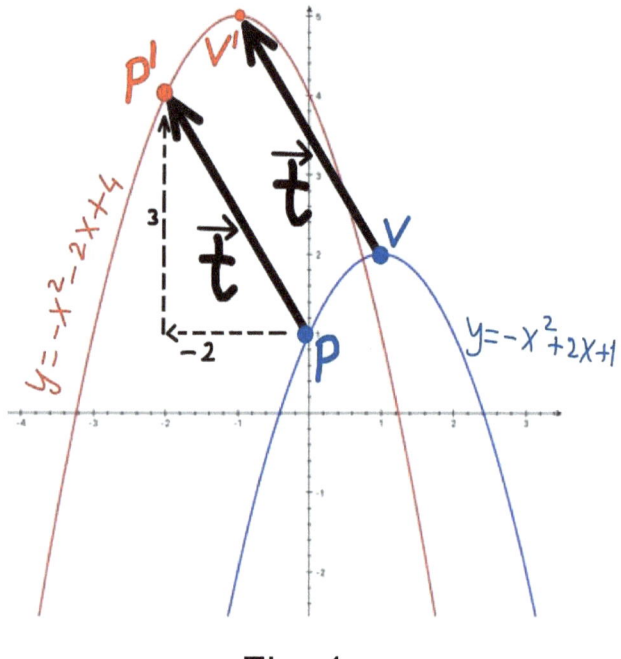

Fig. 1

Siccome lo scopo di questo book è mostrarti come si lavora con le **trasformazioni geometriche**, do per scontato che tu sappia disegnare le parabole della Fig. 1.

Come si vede nella Fig. 1, ogni punto del grafico blu (funzione da trasformare), che può essere visto come la coda del vettore **t**, diventa il corrispondente punto del grafico rosso (funzione trasformata), che può essere visto come la punta del vettore **t**.

In altre parole, la curva blu viene traslata orizzontalmente a sinistra di 2 e poi viene traslata verticalmente verso l' alto di 3, oppure possiamo invertire tranquillamente l' ordine delle due traslazioni: prima la traslazione verso l' alto di 3, poi la traslazione a sinistra di 2.

La parabola blu subisce in pratica uno spostamento rigido secondo il vettore **t(-2, 3)**.

Esercizio 2 (livello base)

Vogliamo disegnare il diagramma della funzione

y = (x + 1)² - 2

Svolgimento:

Per rappresentare graficamente questa funzione, ricorriamo allo schema 1 ed allo schema 2:

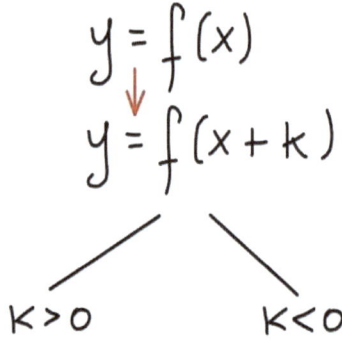

K>0 — traslazione del grafico di f(x) parallela all' asse x, con spostamento k verso sinistra

K<0 — traslazione del grafico di f(x) parallela all' asse x, con spostamento |k| verso destra

Schema 1

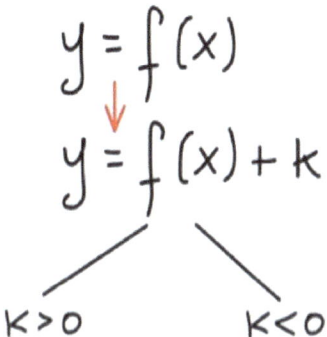

| traslazione del grafico di f(x) parallela all' asse y, con spostamento k verso l' alto | traslazione del grafico di f(x) parallela all' asse y, con spostamento |k| verso il basso |

Schema 2

Riprendiamo la nostra funzione:
y = (x + 1)² - 2

Bene, tenendo conto dei due precedenti schemi, si parte dalla funzione più semplice

y = x²
y = f(x)

e disegniamo la funzione più complessa

y = (x + 1)²
y = f(x + k)

Poiché all'argomento **x** viene aggiunto **k = 1 > 0**, lo schema 1 ci dice che dobbiamo traslare di **1**, orizzontalmente verso <u>sinistra</u>, il grafico della funzione **y = f(x) = x²** .

Vediamo questa traslazione nel prossimo disegno:

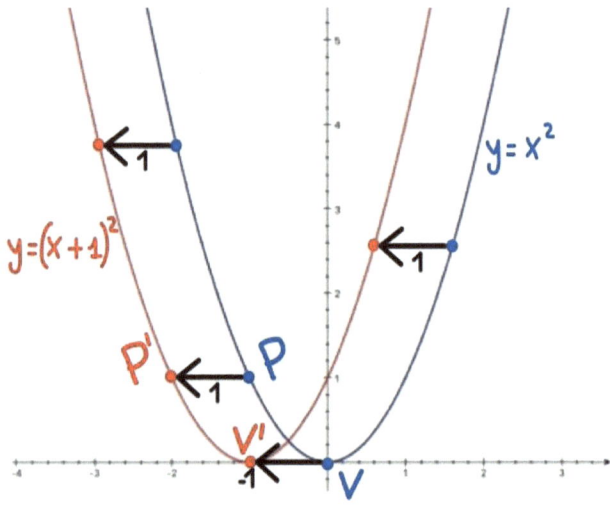

Fig. 2

Ogni punto P del grafico blu della fig. 2 si sposta orizzontalmente di 1 verso sinistra per diventare il punto P' del grafico rosso.

E ora?

Ripartiamo dalla funzione

y = (x + 1)²   (questa è ora la nostra funzione "più semplice")

y = f(x)

e disegniamo la funzione più complessa

y = (x + 1)² - 2
y = f(x) + k

Poiché alla **f(x)** viene aggiunto **k** = **-2 < 0**, lo schema 2 ci dice che dobbiamo traslare di **2**, verticalmente verso <u>il basso</u>, il grafico della funzione

y = f(x) = (x + 1)² .

Vediamo questa traslazione nel prossimo disegno:

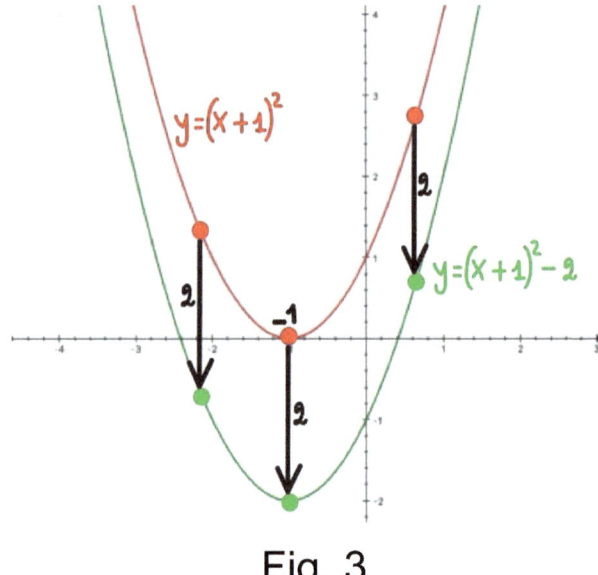

Fig. 3

Ogni punto del grafico rosso della fig. 3 si sposta verticalmente di 2 verso il basso per diventare il punto corrispondente del grafico verde, che è il diagramma della funzione assegnata in questo esercizio n° 2.

Esercizio 3 (livello base)

Disegnare la funzione

$y = 1 - |x|$

Svolgimento:

Per rappresentare graficamente questa funzione, ricorriamo allo schema 3:

$$y = f(x)$$
$$\downarrow$$
$$y = f(|x|)$$

il grafico di f(|x|) è l'unione tra la porzione di grafico(se c'è) della f(x) che sta a destra dell' asse y e la simmetrica di quest' ultima porzione rispetto all' asse y. Facciamo subito un esempio:

Schema 3

Tenendo conto di questo schema, si parte dalla funzione più semplice

$y =$ 1-x
$y =$ f(x)

e disegniamo la funzione più complessa

y = 1-|x|
y = f(|x|)

Poiché l'argomento **x** della funzione più semplice,
y = 1-x, viene messo in valore assoluto per ottenere la funzione più complessa,
y = 1-|x|, lo schema 3 ci dice che dobbiamo considerare la porzione di grafico della funzione
y = 1 - x che sta a destra dell' asse **y** e unirla con la sua simmetrica rispetto all' asse delle ordinate. Fatto ciò, si butta via la porzione di diagramma della funzione
y = 1 - x che sta a sinistra dell' asse **y**.

Vediamo questa trasformazione nel prossimo disegno:

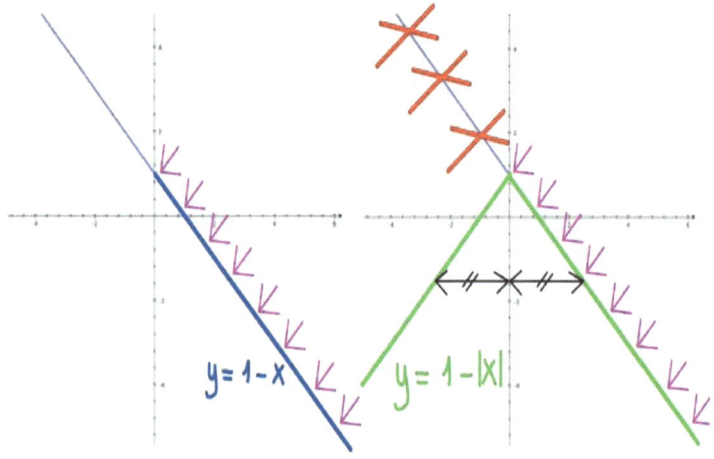

Fig. 4

Come vedi, nel disegno a sinistra della Fig. 4, vediamo il grafico blu della funzione più semplice, di cui consideriamo la porzione a destra dell' asse **y**, cioè quella indicata dalle freccette.

Questa porzione destra va unita con la sua simmetrica rispetto all' asse delle ordinate (disegno verde a destra della Fig. 4), e si cancella la porzione del diagramma della funzione blu che sta a sinistra dell' asse **y**.

Il grafico verde che rimane è il diagramma della funzione assegnata,

y = 1 - |x|.

Bene, per esercizio, ti invito ad utilizzare qualche altro approccio per disegnare il grafico della funzione

y = 1 - |x|.

Esercizio 4 (livello base)

Vogliamo rappresentare graficamente la funzione

$y = |\,-x^2 + 1\,|$

Svolgimento:

Ricorriamo allo schema 4:

$$y = f(x)$$
$$\downarrow$$
$$y = |f(x)|$$

Il grafico di $|f(x)|$ si ottiene facendo l'unione tra le porzioni "positive" del diagramma di f(x) e le sue porzioni "negative" simmetrizzate rispetto all' asse x.

Schema 4

La funzione più semplice da cui decidiamo di partire è

$y = $ -x² + 1
$y = f(x)$

e disegniamo la funzione più complessa

$y = |\,-x^2 + 1\,|$

y = |f(x)|

Poiché la funzione f(x) più semplice viene messa in valore assoluto per ottenere la funzione più complessa, |f(x)|, lo schema 4 ci dice di considerare la porzione della funzione

y = -x² + 1

che sta sopra l' asse delle ascisse (indicata dalle freccette rosse del disegno a sinistra della fig. 5) e unirla con le simmetriche rispetto all' asse orizzontale delle parti "negative" della stessa funzione (quelle che stanno sotto l' asse x, indicate dalle freccette arancioni). Fatto ciò, si buttano via (vedi fig. 6) le porzioni "negative" del diagramma di

y = -x² + 1

che stanno sotto l' asse x.

Il grafico che rimane (quello rosso di fig. 6) è il diagramma di
y = | -x² + 1 |

Vediamo questa trasformazione nei seguenti tre disegni:

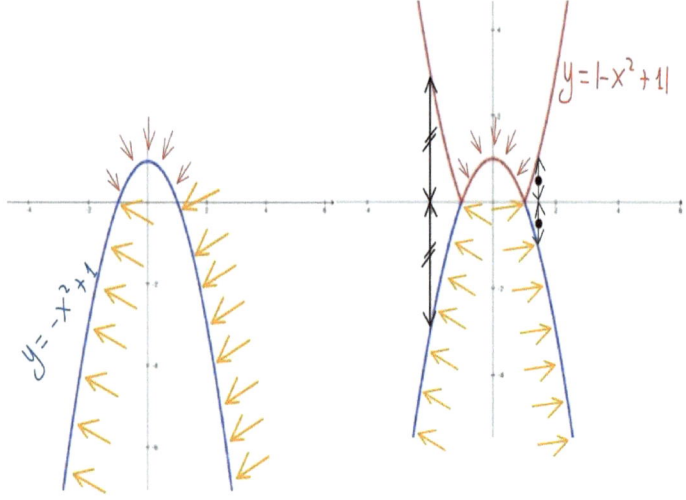

Fig. 5

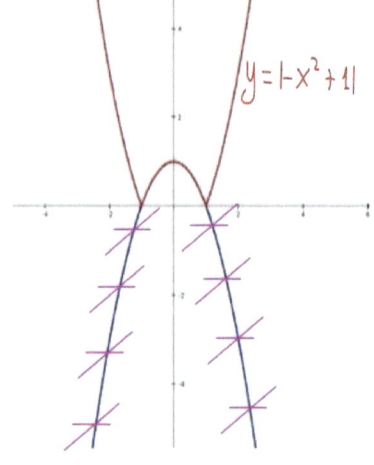

Fig. 6

Esercizio 5 (livello base)

Disegnare la funzione

y = -x² - 1

Svolgimento:

Ricorriamo allo schema 5:

$$y = f(x)$$
$$\downarrow$$
$$y = -f(x)$$

il grafico di -f(x) è il simmetrico del grafico di f(x) rispetto all' asse x

Schema 5

La funzione più semplice da cui decidiamo di partire è

y = x² + 1

y = f(x)

e disegniamo la funzione più complessa

y = - x² - 1 = - (x² + 1)
y = - f(x)

Poiché davanti alla funzione
f(x) = x² + 1 (quella più semplice) viene messo
un segno meno, per disegnare il grafico di
y = - f(x) = - (x² + 1) dobbiamo tracciare, secondo lo
schema 5, il simmetrico rispetto all' asse x del
diagramma di

y = f(x) = x² + 1.

Vediamo questa trasformazione nella prossima figura:

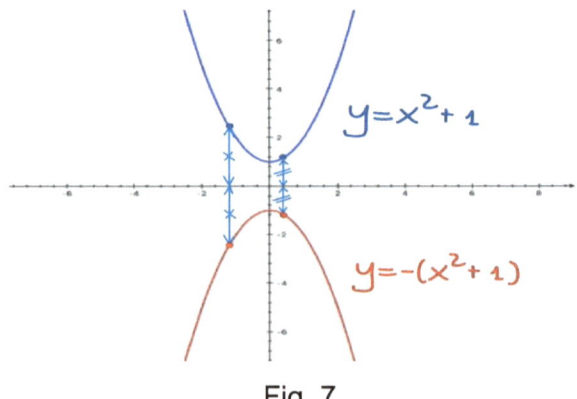

Fig. 7

La funzione assegnata dal 5° esercizio è l' opposto della funzione

f(x) = x² + 1,

e dunque per disegnare

y = - f(x) = - (x² + 1)

dobbiamo "simmetrizzare" rispetto all' asse delle ascisse il diagramma della parabola

y = x² + 1.

Il diagramma rosso della fig. 7 è quello cercato.

Esercizio 6 (livello intermedio)

Disegnare la funzione

$$y = \frac{1}{4}x^2$$

Svolgimento:

Ricorriamo allo schema 6:

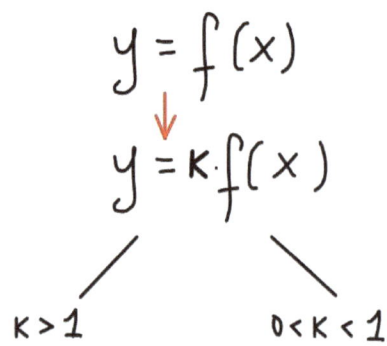

K > 1	0 < K < 1
per disegnare il grafico di **kf(x)** dobbiamo **dilatare** lungo l' asse y il grafico di f(x)	per disegnare il grafico di **kf(x)** dobbiamo **contrarre** lungo l' asse y il grafico di f(x)

Schema 6

La funzione più semplice da cui decidiamo di partire è

y = x^2
y = f(x)

e disegniamo la funzione più complessa

$y = \frac{1}{4}x^2$
$y = k\,f(x)$

Poiché davanti alla funzione

$f(x) = x^2$ (più semplice)

troviamo un coefficiente numerico

$k = \frac{1}{4}$,

che è compreso tra **0** e **1** (**0 < k < 1**), per disegnare il grafico di

$y = \frac{1}{4}x^2$

dobbiamo, secondo lo schema 6, contrarre lungo la verticale (asse **y**) il diagramma di

$y = f(x) = x^2$.

Vediamo questa trasformazione nella prossima figura:

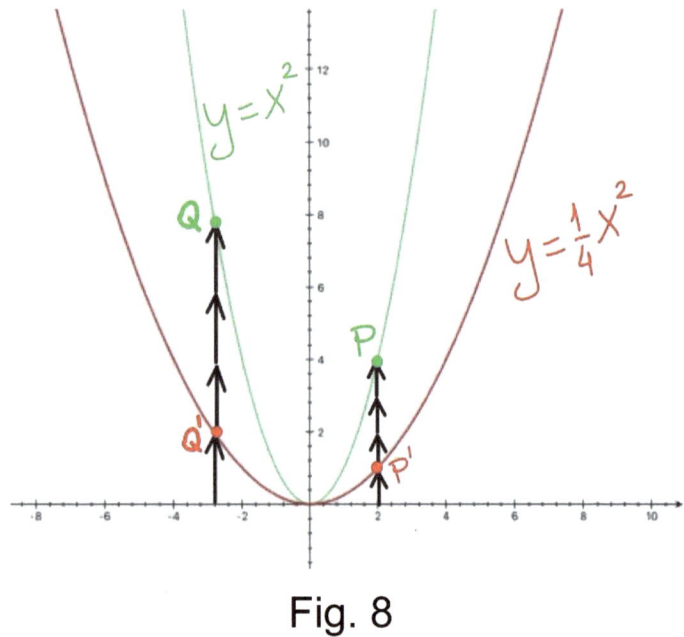

Fig. 8

Come vedi nella fig. 8, ogni punto **P(x,y)** del grafico verde si trasforma nel suo corrispondente **P'(x',y')** del grafico rosso secondo questa regola:

1) l' ascissa di P' rimane l' ascissa di P (**x' = x**);
2) l' ordinata di P' è uguale alla <u>quarta parte</u> dell' ordinata di P (**y'** = $\frac{1}{4}$ **y**)

Si può notare la contrazione verticale del grafico verde (quello della funzione più semplice) che si trasforma nel diagramma rosso (quello della funzione più complessa).

Esercizio 7 (livello intermedio)

Vogliamo disegnare il grafico della funzione

$$y = e^{-x+1}$$

Svolgimento:

Questa funzione, tenendo conto di uno degli schemi già visti e di quello che sto per mostrarti, può essere riscritta, più comodamente, nel seguente modo:

$$y = e^{-(x-1)}$$

Sia

$$y = f(x) = e^{x}$$

la nostra funzione di partenza, quella più semplice, e ricorriamo ad un nuovo schema:

$$y = f(x)$$
$$\downarrow$$
$$y = f(-x)$$

il grafico di f(-x) è il simmetrico del grafico di f(x) rispetto all' asse y

Schema 7

Con questo 7° schema siamo in grado di rappresentare graficamente la funzione (leggermente complessa)

y = e^{-x}
y = f(-x)

partendo dalla funzione più semplice

y = e^{x}

y = f(x)

di cui conosciamo il grafico (funzione esponenziale elementare).

Nella fig. 9 qui sotto, vediamo che il diagramma blu della funzione più semplice,

y = e^{x} ,

viene, secondo lo schema 7, simmetrizzato rispetto all' asse y per ottenere il grafico rosso della funzione più complessa,

y = e^{-x} :

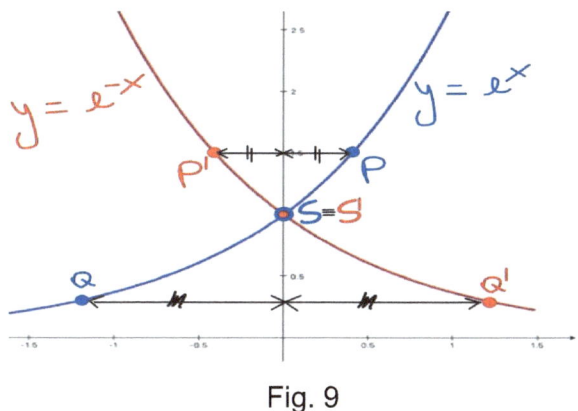

Fig. 9

Il generico punto **P** del grafico blu si trasforma nel punto
P' del grafico rosso. **P'** è il simmetrico di **P** rispetto all'
asse **y**.
Notiamo anche che il punto **S** coincide (≡) con **S'**.

Bene, una volta disegnato il grafico rosso, occupiamoci
finalmente della funzione assegnata

$$y = e^{-(x-1)}$$

partendo, questa volta, dalla funzione

$$y = e^{-x}$$ (che diventa la nostra funzione più semplice)

sfruttando il vecchio Schema 1 già visto prima:

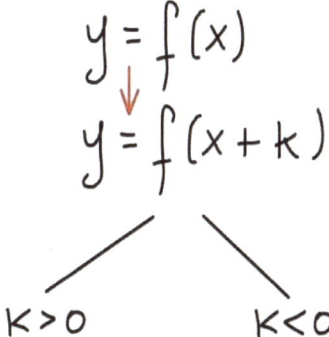

Schema 1

Se alla **x** dell' ultima funzione che abbiamo scritto <u>togliamo</u> **1**, otteniamo la funzione assegnata in questo esercizio, e siamo nel caso dello schema 1, dove **k = -1**.

Dunque il grafico rosso della fig. 9 si sposta di **1** orizzontalmente <u>verso destra</u>.

Vediamo nella figura seguente il diagramma della funzione assegnata:

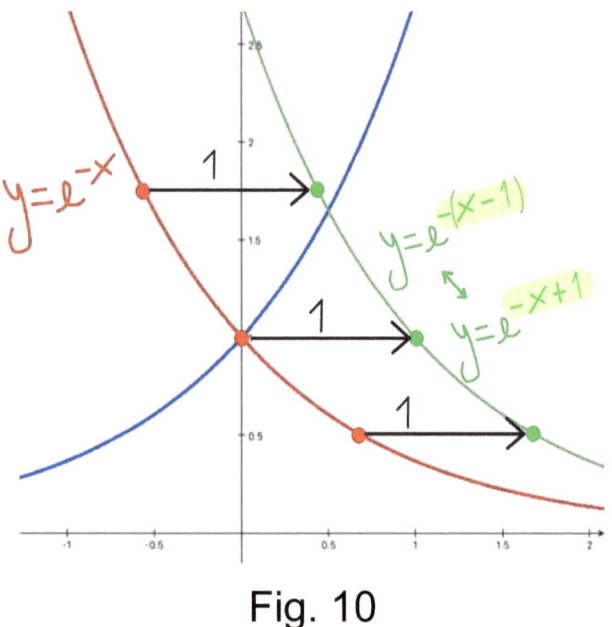

Fig. 10

Come vedi, tutti i punti del grafico rosso della fig. 10 vengono spostati orizzontalmente di **1** verso destra per "trasformarsi" nei punti del grafico verde, che è il diagramma della funzione assegnata.

Esercizio 8 (livello intermedio)

Vogliamo disegnare la funzione

$y = \dfrac{x^3}{27}$

Svolgimento:

Tenendo conto di un altro schema che sto per mostrarti, questa funzione può essere riscritta, più comodamente, nel seguente modo:

$y = \left(\dfrac{x}{3}\right)^3$

Ecco lo schema 8:

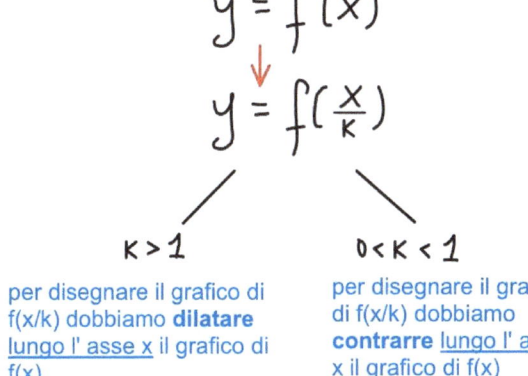

K > 1
per disegnare il grafico di f(x/k) dobbiamo **dilatare** lungo l' asse x il grafico di f(x)

0 < K < 1
per disegnare il grafico di f(x/k) dobbiamo **contrarre** lungo l' asse x il grafico di f(x)

Schema 8

La funzione semplice da cui partiamo è

$$y = f(x) = x^3$$

e dobbiamo disegnare la funzione più complessa

$$y = \left(\frac{x}{3}\right)^3$$

Siamo nel caso dello schema 8 perché l'argomento **x** della funzione **y = x³** viene diviso per **k = 3 > 1**, e dunque per rappresentare il diagramma di

$$y = \left(\frac{x}{3}\right)^3$$

bisogna <u>dilatare orizzontalmente</u> il grafico di

$$y = f(x) = x^3 \, .$$

Vediamo nella prossima figura:

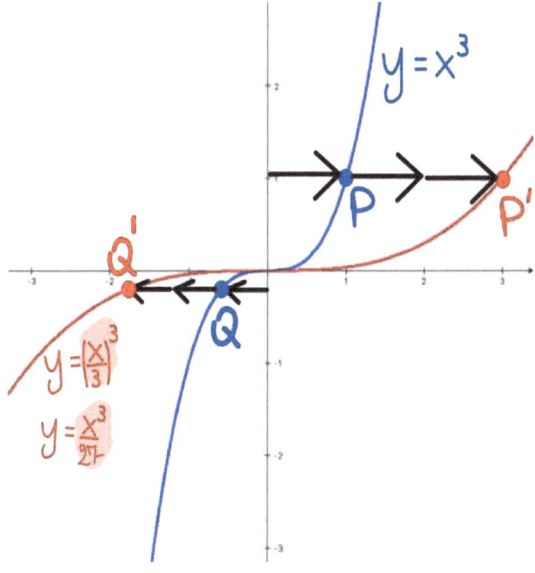

Fig. 11

In pratica, il punto generico **P(x, y)** del grafico blu della figura 11 si trasforma nel suo corrispondente **P'(x', y')** del grafico rosso secondo questa regola:

1) x' = k·x   (k = 3)
2) y' = y

In altre parole, si prende il generico punto **P** del grafico blu, si moltiplica per **k = 3** la sua ascissa e si lascia inalterata la sua ordinata per ottenere le coordinate del punto **P'** corrispondente sul grafico rosso.

Esercizio 9 (livello avanzato)

Disegniamo la seguente funzione:

$$y = \frac{3 \cdot (x-1) + 2}{2 \cdot (x-1) - 3} + 2$$

Svolgimento:

Questa è legata alla funzione più semplice

$$y = \frac{3 \cdot x + 2}{2 \cdot x - 3} \ ,$$

che è una **funzione omografica**, avente la forma

$$y = \frac{a \cdot x + b}{c \cdot x - d} \ ,$$

di cui sappiamo disegnare, se abbiamo studiato la teoria sul libro, il diagramma.

Se alla **x** della nostra funzione omografica aggiungiamo **-1**, otteniamo la funzione leggermente più complessa

$$y = \frac{3 \cdot (x-1) + 2}{2 \cdot (x-1) - 3},$$

che rientra nel caso dello schema 1, visto precedentemente.

Poiché alla **x** della funzione omografica viene aggiunto **-1**, il suo grafico subisce una traslazione orizzontale, di **1**, verso destra.

Nella prossima figura, puoi vedere la curva blu della funzione omografica più semplice che si trasforma, traslando orizzontalmente verso destra di **1**, nella curva rossa della funzione, anch'essa omografica,

leggermente più complessa. Ti faccio notare che l'equazione della funzione "rossa" si è avvicinata a quella della funzione assegnata.

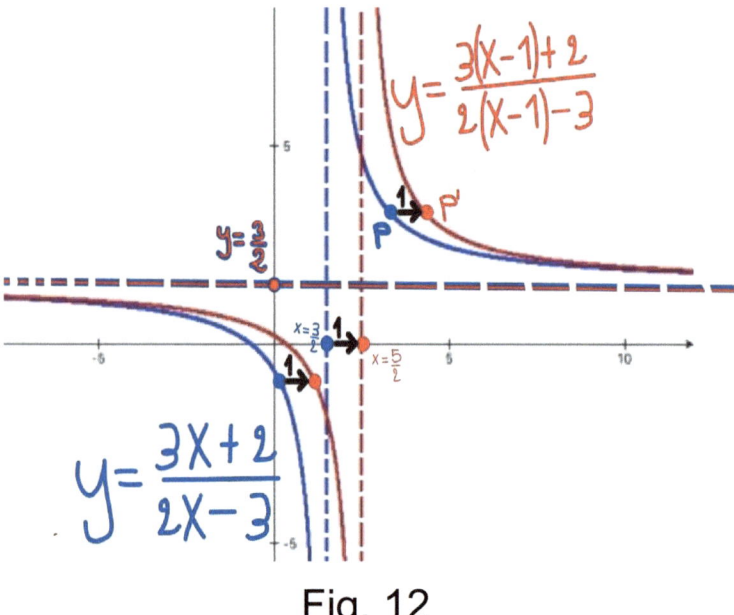

Fig. 12

E' importante spendere due parole sul fatto che anche gli asintoti della funzione blu traslano nello stesso modo:

l' asintoto verticale blu,

x = 3/2 ,

diventa l' asintoto verticale rosso,

x = 5/2 ,

mentre l' asintoto orizzontale blu,

y = 3/2 ,

traslando orizzontalmente verso destra, rimane se stesso, cioè coincide con l' asintoto orizzontale rosso della funzione rossa.

E ora manca l' ultimo passo: disegnare

$$y = \frac{3 \cdot (x-1) + 2}{2 \cdot (x-1) - 3} + 2 \qquad \text{(funzione assegnata)}$$

partendo dalla funzione

$$y = \frac{3 \cdot (x-1) + 2}{2 \cdot (x-1) - 3} \qquad \text{(grafico rosso)}$$

Come si vede, a quest' ultima funzione viene aggiunto **2** per ottenere quella assegnata.

Bene, siamo nel caso dello schema 2, visto prima.

In pratica, il diagramma rosso viene traslato verticalmente di **2** verso l' alto, insieme coi suoi asintoti.

Vediamo questa trasformazione nella seguente figura:

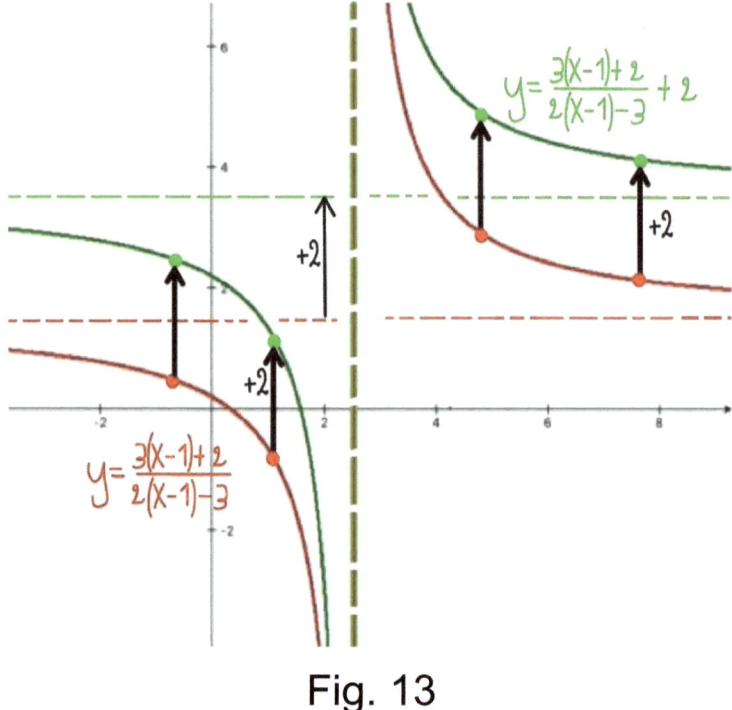

Fig. 13

Come si vede in fig. 13, ogni punto del grafico rosso si sposta verticalmente di **2** verso l' alto, trasformandosi nel proprio punto corrispondente del grafico verde.

Anche l' asintoto verticale rosso subisce la stessa traslazione e coincide con l' asintoto verticale verde. Possiamo dire che l' asintoto verticale della funzione rossa si trasforma in se stesso.

L' asintoto orizzontale rosso, invece, si trasforma nell' asintoto orizzontale verde, che si trova ad una quota maggiore, aumentata di **2**.

Ora, per concludere l' esercizio 9, senza sovrapporre troppi grafici, sottolineo il fatto che il grafico blu (fig. 12) della funzione più semplice è stato traslato orizzontalmente di **1** verso destra per ottenere il grafico rosso, un po' più complesso.

Poi, il grafico rosso (fig. 13) è stato traslato verticalmente di **2** verso l' alto per ottenere il grafico verde della funzione assegnata.

Alle traslazioni hanno "partecipato" anche gli asintoti.

Esercizio 10 (livello avanzato)

Vogliamo rappresentare graficamente il diagramma della seguente funzione:

$$y = ||x - 2| - 3|$$

Svolgimento:

Questa funzione possiede due "valori assoluti", uno annidato nell' altro.

Come possiamo agire?

Decidiamo di partire dalla semplice funzione

y = x - 2 ,

il cui grafico è una retta, che possiamo vedere disegnata in blu (indicata dalle freccette celesti) nella prossima fig. 14.

La funzione successiva, leggermente più complessa, che andiamo a disegnare sia

y = | x - 2 |

Vediamo questi primi due grafici:

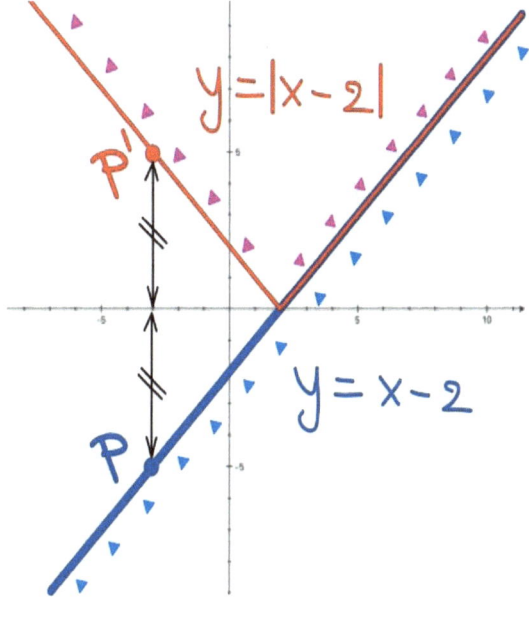

Fig. 14

Come abbiamo visto prima, per rappresentare

y = | x - 2 |

dobbiamo tenere la porzione del grafico blu che sta sopra l' asse delle ascisse e unirla con la simmetrica rispetto all' asse **x** della porzione blu che sta sotto l' asse orizzontale.

Queste due porzioni unite insieme sono state disegnate (fig. 14) in rosso (indicate dalle freccette rosa), per mettere in risalto il grafico trasformato.

Adesso all' ultima funzione aggiungiamo **- 3** :

y = | x - 2 | - 3

Cosa succede?

Poiché alla funzione **y = | x - 2 |** viene aggiunto un numero negativo (**-3**), accade che il diagramma rosso della fig. 14 subisce una traslazione verticale, di **3**, <u>verso il basso</u>.

Vediamo questa trasformazione nella prossima fig. 15:

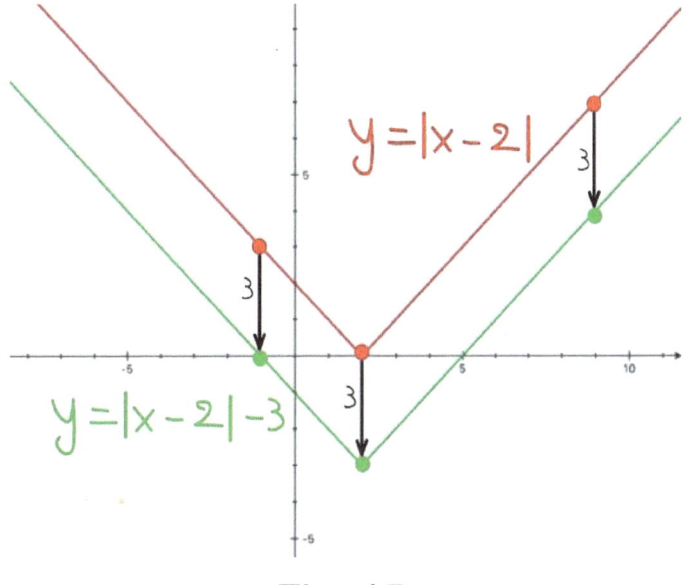

Fig. 15

Il diagramma rosso si trasforma in quello verde.

L' ultimo passo è quello di "ingabbiare" nel valore assoluto l' ultima funzione, quella verde, per disegnare finalmente la funzione assegnata.

Rappresentare graficamente la funzione

y = | | x - 2 | - 3 |

vuol dire, come abbiamo visto in precedenza, tenere le porzioni del grafico verde che stanno sopra l' asse delle ascisse e <u>unirle</u> con la simmetrica rispetto all' asse **x** della porzione verde che sta sotto l' asse orizzontale.

Vediamo nella seguente fig. 16:

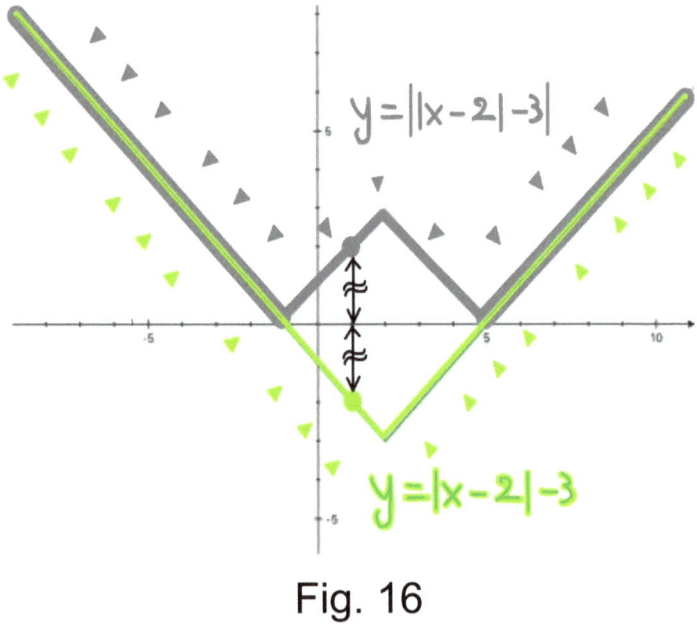

Fig. 16

L' unione tra queste porzioni è stata disegnata in grigio.

Il diagramma verde (indicato dalle freccette verdi) si trasforma nel grafico grigio (indicato dalle freccette grigie).

Il grafico che cercavamo somiglia alla lettera W.

Esercizio 11 (livello intermedio)

Disegnare la funzione

$$y = e^{(\frac{x}{2}-1)}$$

Svolgimento:

Ci conviene riscriverla in questo modo:

$$y = e^{(\frac{x-2}{2})}$$

Perché l'abbiamo riscritta così?

Il motivo è che, in questo modo, possiamo disegnare, in successione, le seguenti funzioni, dalla più semplice alla più complessa (quella assegnata):

$$y = e^x \qquad (11.1)$$

$$y = e^{(\frac{x}{2})} \qquad (11.2)$$

$$y = e^{(\frac{x-2}{2})} \qquad (11.3)$$

Beh, abbiamo imparato che per disegnare la (11.2) dobbiamo dilatare orizzontalmente, secondo lo schema 8, il grafico della funzione (11.1).

Una volta disegnato il diagramma della funzione (11.2), dobbiamo traslarlo, di **2**, orizzontalmente verso destra, secondo lo schema 1, per ottenere la funzione assegnata, che tra le tre scritte prima è la più complessa.

Vediamo i tre grafici sullo stesso piano cartesiano della seguente fig. 17:

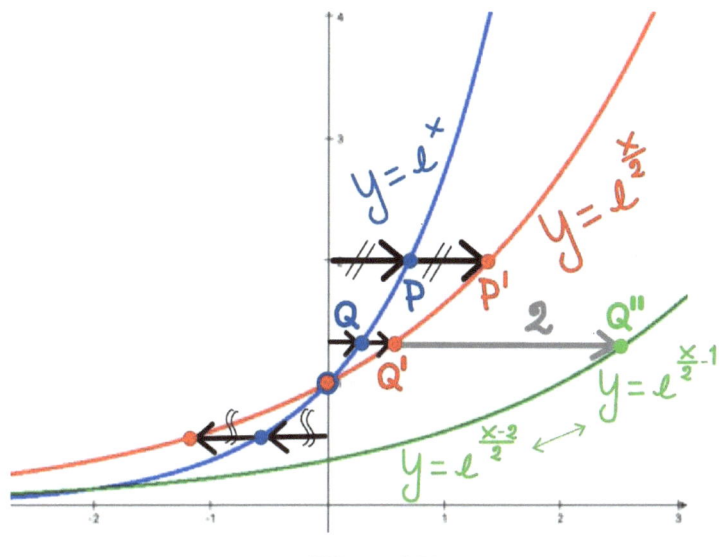

Fig. 17

Come puoi vedere in fig. 17, il punto generico **Q** del grafico blu si trasforma nel suo corrispondente punto **Q'** del grafico rosso (l' ascissa di **Q'** è il doppio dell' ascissa di **Q**, infatti abbiamo a che fare con una dilatazione), e il punto **Q'**, a sua volta, si sposta, di 2, orizzontalmente verso destra per trasformarsi nel punto **Q''** del grafico verde.

Esercizio 12 (livello avanzato)

Vogliamo rappresentare graficamente la seguente funzione goniometrica:

$$y = 3 \cdot \sin(\tfrac{|x|}{2} + \pi)$$

Svolgimento:

Ci conviene riscriverla così:

$$y = 3 \cdot \sin(\tfrac{|x| + 2 \cdot \pi}{2})$$

In questo modo, possiamo disegnare, in successione, i diagrammi delle seguenti funzioni, dalla più semplice alla più complessa (quella assegnata):

12.1) $y = \sin(x)$

12.2) $y = \sin(\tfrac{x}{2})$

12.3) $y = \sin(\tfrac{x + 2 \cdot \pi}{2})$

12.4) $y = \sin(\tfrac{|x| + 2 \cdot \pi}{2})$

12.5) $y = 3 \cdot \sin(\frac{|x| + 2\cdot\pi}{2})$

Questo 12° esercizio è ricco di trasformazioni da effettuare.

Per ottenere il grafico della funzione (12.2) bisogna dilatare orizzontalmente il diagramma della funzione (12.1).

Vediamolo in fig. 18 :

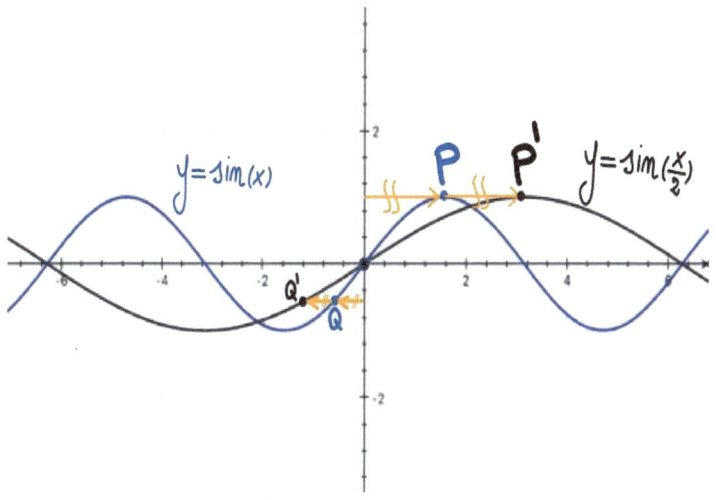

Fig. 18

Ogni punto P del grafico di partenza blu della fig. 18 si trasforma nel suo corrispondente P' del grafico nero secondo questa legge:

P(x, y) → P'(2x, y)

In pratica, l' ordinata di P' rimane uguale a quella di P, mentre l' ascissa di P' è il doppio dell' ascissa di P.

Nella fig. 19 qui sotto vediamo come si disegna la funzione (12.3) partendo dalla (12.2) :

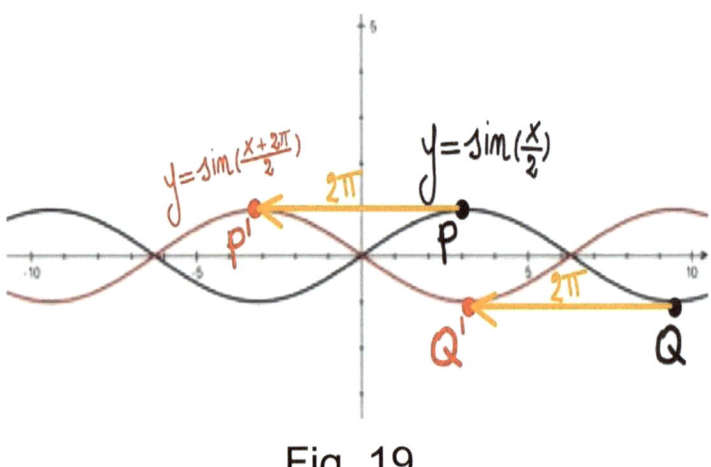

Fig. 19

Il grafico nero della fig. 19 viene traslato orizzontalmente di 2π verso sinistra per ottenere il diagramma rosso.

Nella fig. 20 seguente, dato che la **x** della funzione (12.4) compare in valore assoluto, vediamo che del grafico rosso della funzione (12.3) si considera, stando allo schema 3, solo la porzione che sta a destra dell' asse **y** (quella contenente i punti P e Q e che abbiamo bene evidenziato in verde) e la si unisce alla

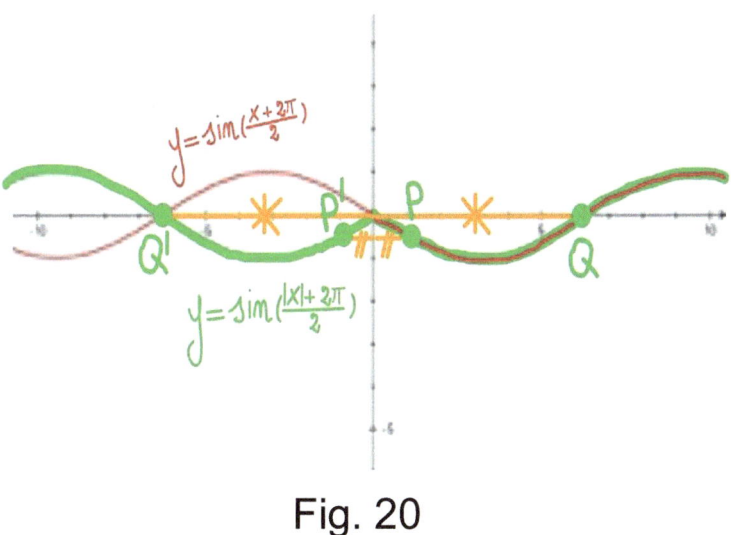

Fig. 20

sua simmetrica rispetto all' asse delle ordinate (anch' essa disegnata in verde e contenente i punti P' e Q'). Il grafico della funzione (12.4) è la curva verde della fig. 20 passante per i punti Q', P', P e Q.

Nella fig. 21 qui sotto, il grafico verde della funzione (12.4) viene dilatato verticalmente per ottenere il grafico rosa della funzione (12.5), secondo questa legge:

P(x, y) → P'(x, 3y)

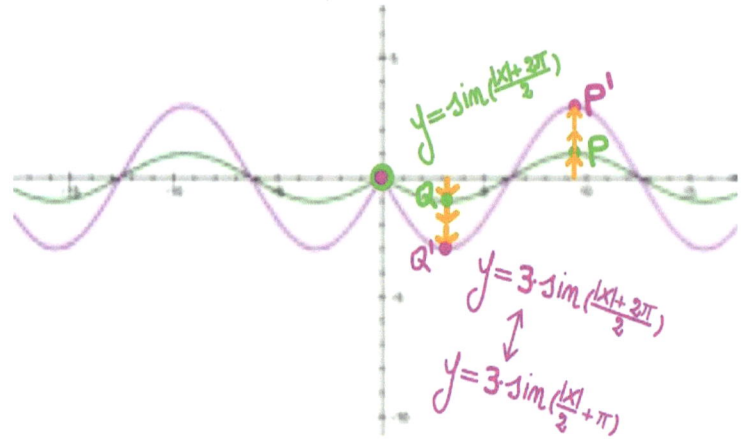

Fig. 21

In pratica, l'ascissa di P' rimane uguale a quella di P, mentre l'ordinata di P' è il triplo dell'ordinata di P.

Bene, dopo una successione di trasformazioni geometriche, siamo giunti al grafico rosa, diagramma della funzione assegnata dall' esercizio 12.

Esercizio 13 (livello avanzato)

Rappresentiamo graficamente la seguente funzione:

$$y = \ln\left(1 + \left|\frac{x}{2} - 4\right|\right)$$

Svolgimento:

Possiamo disegnare, in successione, i diagrammi delle seguenti funzioni, dalla più semplice alla più complessa (quella assegnata):

13.1 $y = \ln(x)$

13.2 $y = \ln\left(\frac{x}{2}\right)$

13.3 $y = \ln\left(\frac{x+2}{2}\right) = \ln\left(1 + \frac{x}{2}\right)$

13.4 $y = \ln\left(1 + \frac{|x|}{2}\right)$

13.5 $\quad y = \ln(1 + \frac{|x-8|}{2}) =$

$= \ln(1 + |\frac{x-8}{2}|) =$

$= \ln(1 + |\frac{x}{2} - 4|)$

Per disegnare la funzione 13.2 si deve dilatare orizzontalmente il grafico della 13.1. Vediamolo:

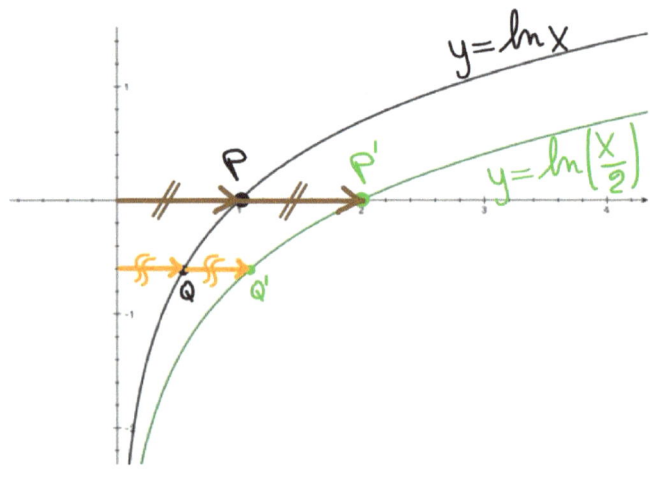

Fig. 22

Il punto generico **P(x,y)** della funzione "nera" si trasforma nel punto corrispondente **P'(x',y')** della funzione "verde" secondo la legge data dalle seguenti due relazioni:

x' = 2x
y' = y

In pratica, l' ordinata di P' rimane quella di P e l'ascissa di P' vale il doppio di quella di P (vai all' esercizio n. 8).

Per ottenere il diagramma della 13.3 si trasla orizzontalmente, di 2, <u>verso sinistra</u>, il grafico della 13.2. Vediamolo:

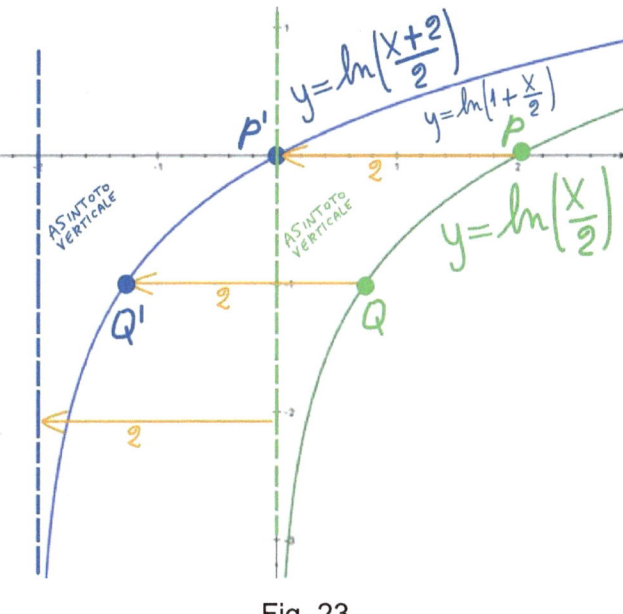

Fig. 23

Siccome alla x della funzione verde viene aggiunto 2, ottenendo così la funzione blu, la funzione verde subisce una traslazione orizzontale, di 2, verso sinistra, per trasformarsi appunto nella funzione blu.

Ti faccio notare che anche l' asintoto verticale della funzione verde subisce la stessa traslazione per diventare l' asintoto verticale della funzione blu.

Adesso disegniamo la funzione 13.4 partendo dalla 13.3.

Bisogna considerare solo la parte del grafico blu che sta a destra dell' asse y e unirla con la sua simmetrica rispetto all' asse delle ordinate. Vediamolo:

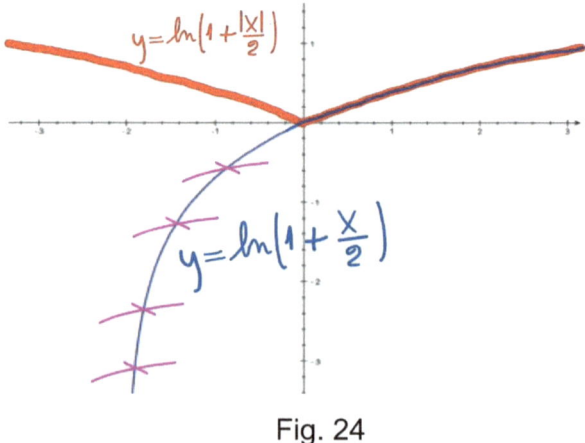

Fig. 24

La porzione di grafico blu che sta a sinistra dell'asse y si "butta via". Come puoi notare, nella figura 24, il grafico rosso è dato dall'unione tra la parte del grafico blu che sta a destra dell'asse y e la sua simmetrica rispetto allo stesso asse.

Bene, non ci rimane che rappresentare graficamente la funzione 13.5 partendo dalla 13.4.

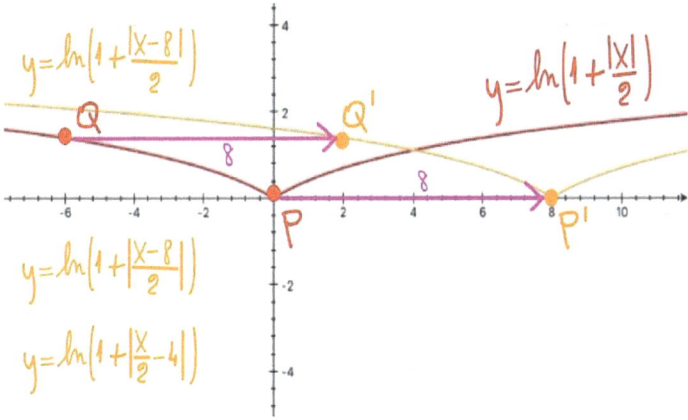

Siccome alla x della funzione rossa aggiungiamo -8, ottenendo così la funzione arancione (quella assegnata dall'esercizio), dobbiamo traslare orizzontalmente, di 8, verso destra, il grafico rosso, per ottenere il diagramma arancione, definitivo.

Conclusione

Questa raccolta di esercizi svolti e commentati sulle **trasformazioni geometriche applicate ai grafici delle funzioni** termina qui, e spero che adesso questo argomento ti sia più chiaro!

Se così è, allora ti chiedo la cortesia di scrivere una tua recensione sincera su Amazon.

Grazie!

Visita il mio blog: http://ilmatematto.blogspot.com

Appunti